U0321548

顶级购物空间设计

COMMERCIAL SPACE

● 本书编委会 编

中国林业出版社

图书在版编目（ＣＩＰ）数据

顶级购物空间设计 / 《顶级购物空间设计》编委会编. -- 北京：中国林业出版社, 2014.6
（亚太名家设计系列）

ISBN 978-7-5038-7559-5

Ⅰ. ①顶… Ⅱ. ①顶… Ⅲ. ①商业建筑－室内装饰设计－亚太地区－图集 Ⅳ. ①TU247-64

中国版本图书馆CIP数据核字(2014)第133084号

本书编委会

◎ 编委会成员名单

选题策划：金堂奖出版中心

编写成员：　贾　刚　　孔新民　　梅剑平　　王　超　　刘　杰　　孙　宇　　李一茹
　　　　　　姜　琳　　赵天一　　李成伟　　王琳琳　　王为伟　　李金斤　　王明明
　　　　　　石　芳　　王　博　　徐　健　　齐　碧　　阮秋艳　　王　野　　刘　洋

中国林业出版社　·　建筑与家居出版中心
策　　划：纪　亮
责任编辑：李丝丝

出版：中国林业出版社
（100009 北京西城区德内大街刘海胡同 7 号）
http://lycb.forestry.gov.cn/
E-mail：cfphz@public.bta.net.cn
电话：(010) 8322 5283
发行：中国林业出版社
印刷：北京利丰雅高长城印刷有限公司
版次：2014年8月第1版
印次：2014年8月第1次
开本：230mm×300mm. 1/16
印张：8
字数：100千字
定价：169.00元

CONTENTS
目录

Retail

建筑读库

涵盖建筑、室内设计与装修、景观、园林、植物等类型电子读物的移动阅读平台。

功能特色：

1. 标记批注——随看随记，用颜色标重点，写心得体会。

2. 智能播放——书签、分享、自动记录上次观看位置；贴心阅读，同步周到。

3. 随时下载——海量内容，安装后即可下载；随身携带，方便快捷。

4. 音视频多媒体——有声有色，让读书立体起来，丰富起来！

在这里，建筑、景观、园林设计师们可以找到国内外最新、最热、最顶尖设计师的设计作品，上万个设计项目任您过目；业主们可以找到各式各样符合自己需求的设计风格，家装、庭院、花园，中式、欧式、混搭、田园……应有尽有；花草植物爱好者能了解到最具权威性的知识，欣赏、研究、栽培，全面剖析……海量阅读内容，丰富阅读体验，建筑读库——满足您。

希 腊 COCO-MAT 南京展厅
Greece COCO-MAT
Exhibition Hall (Nanjing)

慕 思歌蒂娅品牌总部形象标准店
DERUCCI GLODIA STORE

禅 空间-林子法藏古玩展示店
Zen Space-LinZiFaCang Antique Showroom

宽 庐 正 岩 茶 旗 舰 店
Wide House Bohea Tea Store

深 圳星河时代 COCO Park
Galaxy Time COCO Park Shenzhen

珍 妮 坊 时 装 - 滨 南 店
ZhenNiFang Clothing (Bin Nan)

轨 迹
Tracks

上 海 SOTTO SOTTO 奢侈品店
SOTTO SOTTO CLUB

绍 兴 酒 专 卖 店
Shaoxing Wine Store

V ISINA 服 装 旗 舰 店
VISINA Flagship Store

意 希 欧 服 饰 办 公 及 展 厅
CCEWOT Office and Showroom

深 圳宝能 all city 购物中心
All City ShenZhen

创 世 方 舟
Neo West

成 都 中 宝 宝 马 4S 店
Chengdu BMW 4S Store

多 少家具上海 M50 本店设计
More&less Furniture
Shanghai M50 Store

西 安大唐西市丝路风情街
Tang West Market Silk Road Style Street

宝 丽莲华个人 CI 定制中心
PURE LOTUS

天 宏 酒 庄
Tianhong Winery

齐 柏 林 展 厅
ZYMBIOZ Hall

国 誉家具商贸上海旗舰店
KOKUYO Furniture
Shanghai Flagship Showroom

参评机构名/设计师名:
沈烤华 Shen Kaohua
简介:
2003年度第四届江苏省室内设计大奖赛金奖,
2011年度南京十大新锐室内设计师,2012年
度全国室内设计评选金堂奖别墅类优秀作品
奖。

希腊COCO-MAT南京展厅
Greece COCO-MAT Exhibition Hall(Nanjing)

A 项目定位 Design Proposition

整体的设计策划理念,市场定位高端。设计师以环保为核心,造型上没有过多的浮夸和豪奢,相反简洁有度,大气内敛。

B 环境风格 Creativity & Aesthetics

在外立面设计上,设计师运用了硅藻泥天然材料与其产品环保相配套,墙面简单的欧式造型及铜色壁灯从另一个侧面彰显出其产品来源于欧洲的身份。墙面上浅色的产品喷绘图片,地面青草绿的地毯及自然木色的地板,一切是如此的和谐。尤为特别的是顶面,在细节的元素中突出了主题,品质化的纯铜射灯突出了整个氛围的高贵,也改变了安装常规欧式大灯的手法。

C 空间布局 Space Planning

此展厅面积不大,敞开式的空间更为舒适、开阔。

D 设计选材 Materials & Cost Effectiveness

硬装上设计师运用了硅藻泥、亚光地板、纯色墙纸。软装方面设计师利用了仿真鸟、仿真树、鸟窝、天然松果、鹅卵石、掏空的绿培,使整个空间充满活力和生机。

E 使用效果 Fidelity to Client

此案例区别于常规展厅装修材料泛滥运用现象,引起同行业中不同凡响,是个比较成功的案例。

项目名称_希腊COCO-MAT南京展厅
主案设计_沈烤华
参与设计师_潘虹、崔巍
项目地点_江苏南京市
项目面积_150平方米
投资金额_15万元

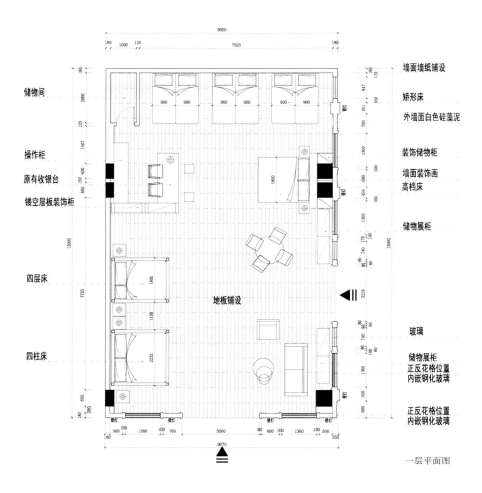

储物间

操作柜

原有收银台

镂空层板装饰柜

四层床

四柱床

地板铺设

墙面墙纸铺设

矫形床

外墙面白色硅藻泥

装饰储物柜

墙面装饰画

高档床

储物展柜

玻璃

储物展柜
正反花格位置
内嵌钢化玻璃

正反花格位置
内嵌钢化玻璃

一层平面图

参评机构名／设计师名：
陈飞杰香港设计事务所/
ROCKY DESIGN (HK) LTD
简介：
飞杰室内装饰设计（深圳）有限公司是陈飞杰香港设计事务所于中国注册的分公司，多年来致力于设计工作，创新设计理念。飞杰集合了一群具备建筑与室内设计天分及独特视野的设

计师。每个项目以了解客户需求为本，运用即定空间、发挥空间特征、构想完美概念、创造不同风格、亦古亦今，考虑周详。让每一位客户可以欣悦地把项目交付于飞杰。
2011年与合伙人ERIC LAI共同组建国际化专业建筑师团队，团队成员均来自美国、加拿大、中国香港、中国台湾。
公司服务范围包括：地块规划、建筑设计、城

市综合体、会所、商业空间、连锁品牌展厅、高级别墅及样板房、高端办公空间等。飞杰设计理解并注重设计艺术与商业的完美结合，在极致体现设计美感的同时充分体现商业价值，通过与客户的良好沟通与合作，实现设计的价值。

陳飛傑設計香港事務所
Rocky Design HK Associates

慕思歌蒂娅品牌总部形象标准店
Derucci Glodia Store

A 项目定位 Design Proposition
提供了一种新型的卖场销售模式； 给专卖店的销售服务提升创造了一种可能； 形象店的产品档次得到了提升，产品销量明显增加。

B 环境风格 Creativity & Aesthetics
创造出更为适宜的体验式及休息洽谈的销售环境，对产品的销售起到了极大地促进作用。

C 空间布局 Space Planning
空间形式上改变了目前市场上以大空间、大卖场形式展现的商业卖场形式，将展示空间进行区隔，利用围合的小空间增强私密性，为每一个空间打造独立个性主题；以更为贴合人性需求的层级递进的崭新商业流程模式呈现。

D 设计选材 Materials & Cost Effectiveness
设计选材上倡导节能环保，设计采用工厂统一定制标准化的构件，进行拼接装配式施工，缩短施工周期，减少环境污染，使时间效率大大提高； 灵活的空间重组，卖场的拆装可以达到90%的材料重复利用； 给展厅的可复制性提供了必要而充足的条件，可以轻松地控制各经销商展厅品质的一致性； 灯光系统采用不同的场景模式提供功能性照明与环境氛围照明，并且可以在无人情况下提供一键式场景切换，可以暂时关闭氛围照明，减少耗能，这种方便的操控带来操作的可能性，达到节省耗能的目的。

E 使用效果 Fidelity to Client
形象店的打造得到经销商的认可并在全国经销商范围内迅速地铺开，并吸引了大批新的经销商加盟； 成功地令"慕思·歌蒂娅"品牌旗舰店"破茧重生、化茧为蝶"，树立了业内睡眠"新"体验 —— "心"体验 —— "馨"体验的标杆式销售行业模式。

项目名称_慕思歌蒂娅品牌总部形象标准店
主案设计_陈飞杰
参与设计师_夏春卉
项目地点_广东东莞市
项目面积_230平方米
投资金额_60万元

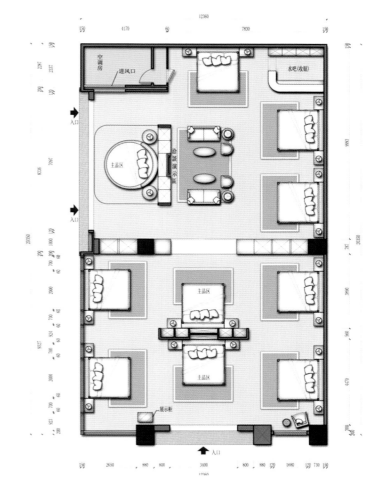

一层平面图

SWEET DREAMS

参评机构名／设计师名：
谢涛（阿森）Assen

简介：
成都著名室内设计师CTD森图设计顾问（香港）有限公司公司创始人成都阿森装饰工程设计有限公司总裁、总设计师成都汇森木业创始人、总经理藏式奢侈工艺品品牌——吐蕃贡房首席设计总监高级室内建筑师深圳室内设计协

会常务理事从事室内设计工作22年，始终坚持创作有特色和有文化内涵的各类功能空间作品，置身于民族文化的沃土，探索中国地域文化的国际表达，将中国传统文化的精髓融入到国际潮流视野中，以"德艺双馨"为人生准则，创新传承，立志做最中国、最民族、最平民的设计人，目前设计项目辐射中国辽宁、吉林、天津、山东、山西、陕西、安徽、湖北、

浙江、福建、广东、广西、云南、西藏、贵州、甘肃、青海、新疆、四川、重庆等地。

禅空间-林子法藏古玩展示店
Zen Space-LinZiFaCang Antique Showroom

A 项目定位 Design Proposition
这是一个专业经营藏传佛教唐卡和佛像的古玩店，店内展品全部是来自藏区的老货，有老百姓民间私藏的，也有国外回流的，展品品种繁多，令人眼花缭乱。

B 环境风格 Creativity & Aesthetics
极简主义风格，没有过多的任何装饰，实木天花和墙体，重点在布置和光环境设计上做足了功课，全系LED光源配置。

C 空间布局 Space Planning
建筑易学风水排盘的方式进行错落有致的矩阵布置。

D 设计选材 Materials & Cost Effectiveness
跟前面的案例一样，本案也是通过设计师自己工厂加工的组装件完成施工的。

E 使用效果 Fidelity to Client
据说李连杰等明星已经到过店里进行交流，成为成都草堂古玩城的一道风景线。

项目名称_禅空间-林子法藏古玩展示店
主案设计_谢涛（阿森）
项目地点_四川成都市
项目面积_100平方米
投资金额_35万元

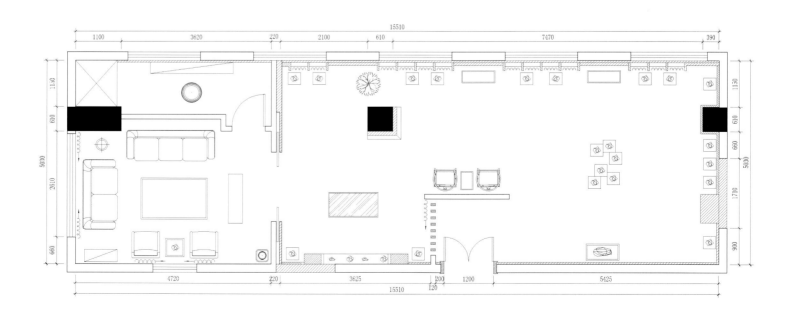

一层平面图

参评机构名/设计师名：
林小真 Joyce
简介：
意大利米兰理工大学室内设计管理硕士学位，
亚太设计师与室内设计师联盟厦门分会会员，
国际室内建筑及设计师理事会会员。

宽庐正岩茶旗舰店
Wide House Bohea Tea Store

A 项目定位 Design Proposition

灵感源于武夷山水帘洞，洞石中的一泉涓滴、汇于池中的一泽涟漪、随波的一抹浮萍、静卧的一把古筝，高山流水无不给人沐浴自然的轻松和随遇而安的坦然，描绘出静中有动，动中有静的空间意境，散发出淡淡的禅意和浓浓的文化底蕴。

B 环境风格 Creativity & Aesthetics

武夷山水帘洞的美景与品茶讲究的意境美相得益彰，通过"转化"的手法，用石头代表高山，用水池代表潭水，把水帘洞移步室内。再加上一架古琴，又营造了"高山流水觅知音"的意境，传达了千年茶文化以茶会友的思想精髓。最后再结合闽南古老的四合院里的天井结构，融入了本地的建筑元素。整个空间场景不是生硬的模拟，也不是简单的返古，而是用现代的眼光、艺术化的手法去诠释。

C 空间布局 Space Planning

空间分为上下两层，一层为茶叶销售区、茶文化区、茶窖及办公区空间，二层闻香室、茶饮包厢空间，通过中庭挑空高山流水连接，形式上为拆解两空间的手法，本质上都是连为一体。

项目名称_宽庐正岩茶旗舰店
主案设计_林小真
参与设计师_蔡斌、朱冬群
项目地点_福建泉州市
项目面积_1150平方米
投资金额_150万元

D 设计选材 Materials & Cost Effectiveness

大面积白色肌理漆墙面、木作采用本色橡木、铁绣钢构简洁线条，整体上给人以自然、朴实的空间画面感；实木栅格使内外空间相互渗透，从家具的设计到室内的陈设，都力求简约明快又不失大气殷实，呈现出温馨、典雅、舒适、厚重的空间效果。

E 使用效果 Fidelity to Client

在氤氲的香氛里，品一杯好茶、听着悠扬的琴声，感受当下的闲情逸致，给人沐浴自然的轻松和随遇而安的坦然，散发出淡淡的禅意和浓浓的文化底蕴。

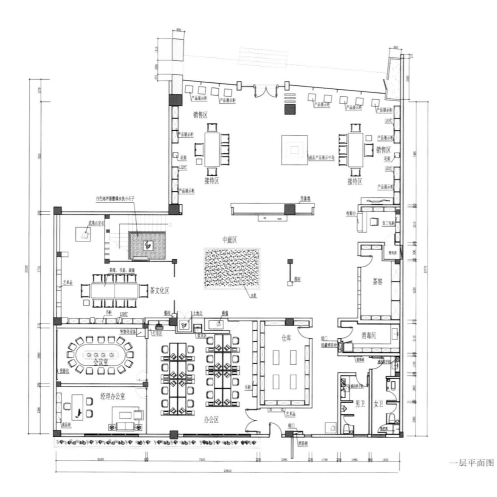

一层平面图

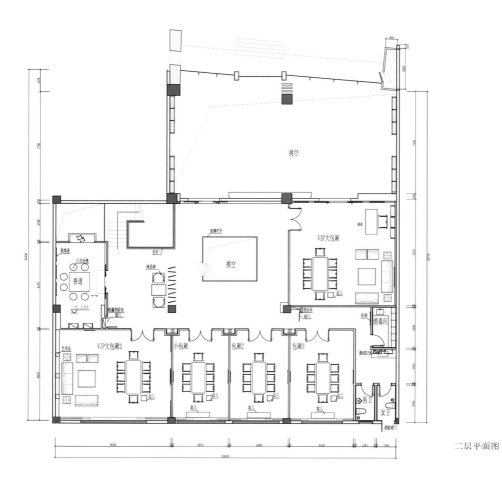

挑空

VIP大包厢

玻璃栏杆

挑空

装饰道

日式地毯

香道

禅思椅

+0.150

冷藏消防栓 消火栓 阀门

VIP大包厢2

艺术品

小包厢

包厢2

包厢3

案几

案几

案几

消毒间

男卫

女卫

消防喷淋门

二层平面图

参评机构名/设计师名：

深圳市姜峰室内设计有限公司/
Jiang & Associates Interior Design CO.,LTD

简介：

深圳市姜峰室内设计有限公司，简称J&A姜峰设计公司，是由荣获国务院特殊津贴专家、教授级高级建筑师姜峰及其合伙人于1999年共同创立。目前J&A下属有J&A室内设计（深圳）公司、J&A室内设计（上海）公司、J&A室内设计（北京）公司、J&A室内设计（大连）公司、J&A酒店设计顾问公司、J&A商业设计顾问公司、BPS机电顾问公司。现有来自不同文化和学术背景的设计人员三百五十余名，是中国规模最大、综合实力最强的室内设计公司之一。J&A是早期拥有国家甲级设计资质的专业设计公司，其率先获得ISO9000质量体系认证，是深圳市重点文化企业。因其在设计行业的突出成就，连续六年七次荣获"年度最具影响力设计团队奖"的殊荣，并在国内外屡获大奖，得到了中国建筑装饰领域高度的认同和赞扬。J&A一直致力于为中国城市化发展提供从建筑环境设计到室内空间设计的全程化、一体化和专业化的解决方案。追求作品在功能、技术和艺术上的完美结合，注重作品带给客户的价值感和增值效应，通过与客户的良好合作，最终实现公司价值。

深圳星河时代COCO Park
Galaxy Time COCO Park Shenzhen

A 项目定位 Design Proposition

星河时代COCOPARK位于深圳市龙岗中心城南端，其定位为引领一站式家庭休闲购物新风尚的大型商业综合体，立意"亲情体验、消费时尚"，以时尚购物、休闲娱乐、国际餐饮为主的区域型购物中心。

B 环境风格 Creativity & Aesthetics

热烈欢快的空间氛围能够极大地吸引购物者的好奇心理，引起他们的强烈共鸣，并为购物者提供有趣的购物体验。

C 空间布局 Space Planning

COCOPARK以"自然、休闲"为特色，以"卵石、流水"为造型元素，打造具有鲜明特色的主题空间，并将中庭分为"树木（木）、流水（水）、阳光（光）"三个主题区，增强空间的辨识性，丰富空间效果，将COCOPARK打造成为深圳独具特色的大型商业中心，为消费者提供一个全新的生活与体验空间。

D 设计选材 Materials & Cost Effectiveness

地材设计中以自然、流动的深、浅地材贯穿整个商场，在客流密集的重点区域嵌入"卵石"拼花，增加人流的引导性，同时天花设计形式与地面相呼应，使商场设计整体而又特色鲜明。

E 使用效果 Fidelity to Client

作为龙岗区首家大型综合型购物中心，项目集合奢华购物、休闲、娱乐、餐饮、运动、商务、教育、亲子等八大功能于一体，带来城市生活新主张！

项目名称_深圳星河时代COCO Park
主案设计_姜峰
参与设计师_刘炜
项目地点_广东深圳市
项目面积_180000平方米
投资金额_100000万元

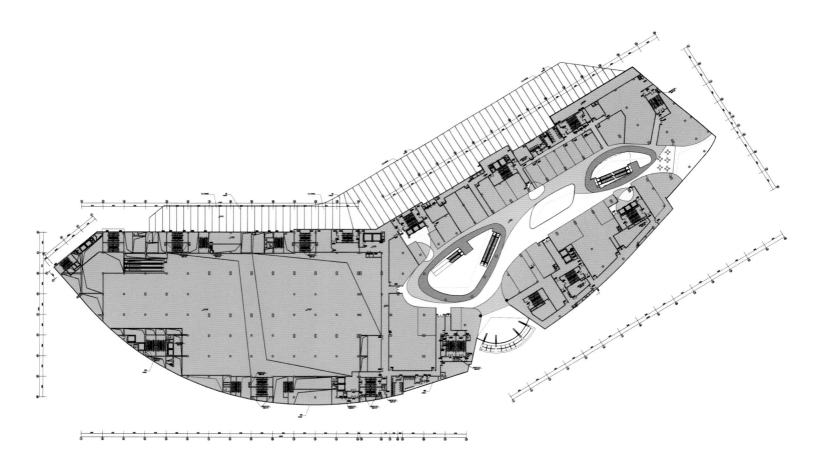

二层平面图

参评机构名/设计师名：
厦门一亩梁田装饰设计工程有限公司/
YIMULIANGTIAN ASSOCIATES DESIGN
CO., LTD
简介：
2010年作品荣获"海峡杯"海峡两岸室内设计大赛商业空间铜奖；2012年作品荣获（筑巢奖）第三届中国国际空间环境艺术设计大赛

（餐饮空间）银奖；2012年作品荣获（金堂奖）中国室内设计年度评选"年度优秀作品奖"；2012年作品荣获Idea-Tops国际空间设计大奖（艾特奖）入围奖；2012年作品荣获（筑巢奖）第三届中国国际空间环境艺术设计大赛（商业空间）优秀奖；2012年作品荣获中国室内设计师黄金联赛（第二季）公共空间工程类二等奖；2012年作品荣获中国室内设计师

黄金联赛（第三季）公共空间工程类二等奖；2012年作品荣获中国室内设计师黄金联赛（第四季）公共空间工程类三等奖；2012年荣获中国室内设计师黄金联赛年度优秀设计师；2013年作品荣获中国室内设计师黄金联赛（第一季）公共空间工程类三等奖；2013年作品荣获上海国际室内设计节（金外滩奖）入围奖。
成功案例：1.阿度餐厅-SM2期 2.西安长安3号售楼处 3.珍妮坊时装连锁 4.庄姿时装连锁 5.巢沙龙会所 6.山东龙口中央美郡售楼会所大楼等。

珍妮坊时装－滨南店
ZhenNiFang Clothing(Bin Nan)

A 项目定位 Design Proposition

珍妮坊以具有自信、内涵、素质的年轻上班族群为目标客户群，因此空间设计力求表现出简约、个性的特点。

B 环境风格 Creativity & Aesthetics

白色和咖啡色为空间主色调，低调的视觉元素彰显着简约时尚，空间主角服饰鞋帽得到最完美的衬托。

C 空间布局 Space Planning

位于中心位置的展示柜既能很好的展示商品，同时又有效地区分了左右人流动向，即使较多顾客同时光临，也不会显得拥挤。

D 设计选材 Materials & Cost Effectiveness

运用传统而简单的水泥、钢材、乳胶漆为主材料，打造出低调简约的空间。

E 使用效果 Fidelity to Client

以最简约的手法达到最好的空间效果。

项目名称_珍妮坊时装-滨南店
主案设计_曾伟坤
参与设计师_曾伟锋
项目地点_福建厦门市
项目面积_130平方米
投资金额_32万元

1. 中岛柜　　　5. 鞋包帽展示区
2. 服饰展示区　6. 收银区
3. 展示台　　　7. 更衣室
4. 等待区　　　8. 仓库

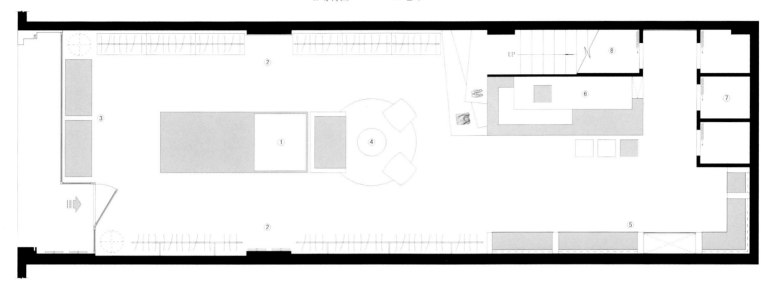

一层平面图

参评机构名／设计师名：
近境制作设计有限公司/
DESIGN APARTMENT
简介：
近境制作所推出系列的设计作品，自然、清晰，空间中一种隐藏着的轴线关系、创造出和谐的比例。另外，对于可靠材料的真实表现，结合着细部的处理，这个谨慎态度始终支配着

我们，对于品质的要求，我们深具信心。近境制作的设计中，充满着对生活中的幽默，强调自然、清晰的原始设计，代表了未来空间的发展方向，年轻、活力、亚洲，我们所做过最好的设计，那就是我们创造明天。

轨迹
Tracks

A 项目定位 Design Proposition
希望能在过去的建筑中找到前进的设计力量，所以开始了这样的想法。

B 环境风格 Creativity & Aesthetics
在老建筑中找到新的设计灵魂，让原本是棉织厂的老旧厂房，在历史的变化下，找到了重生的机会，有了新的面貌，成为一个家具品牌的展演空间。

C 空间布局 Space Planning
在主展厅的概念中，连续错置的墙面与天花量体的表现，高挂于展厅的空中，试图解决高度所造成的光源问题，除了形成灯光的载具之外，更重要的是解构家的形态，使其与品牌的精神结合，完成展厅的设计概念。

D 设计选材 Materials & Cost Effectiveness
决定利用格栅交错纵横的立面变化，抽象了纺织的经纬，透过这样的表现，形成了一道皮层，强化了建筑的入口处理，从格栅与原有建筑的结合，加上光线的变化，测量出一个空间的能量。

E 使用效果 Fidelity to Client
承载、延续、变化、重生，面对一个老建筑的态度，我们学习到了一种面对生命的方式，这是一个难得的机会，看待时间留下的遗痕，寻找与自然平行的秩序，历史建筑所留下的空，本身就是最好的展示。

项目名称_轨迹
主案设计_唐忠汉
项目地点_上海
项目面积_1183平方米
投资金额_850万元

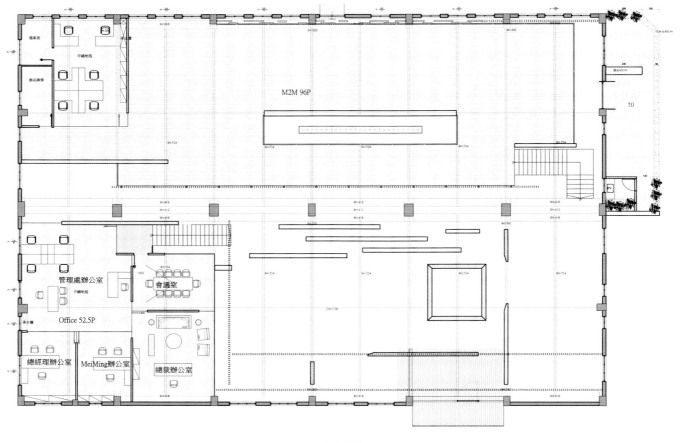

一层平面图

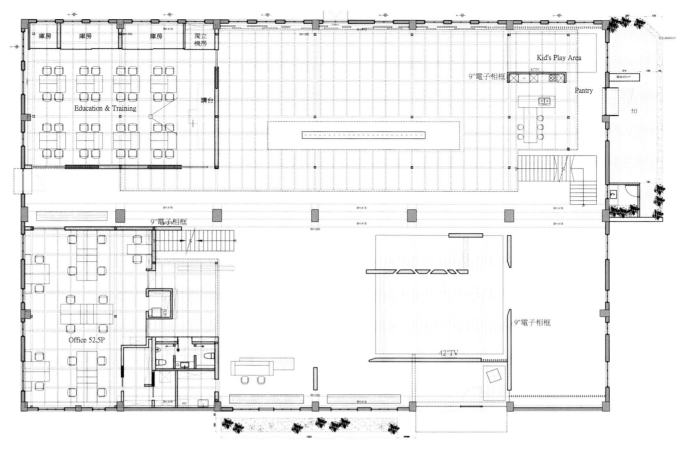

二层平面图

参评机构名/设计师名：
汉象建筑设计事务所/
HRC DESIGN WORKS PTE.LTD.
简介：
HRC DESIGN WORKS PTE. LTD.成立于新加坡。2009年经总公司决议建立上海办事处——汉象建筑设计咨询（上海）有限公司。其主要从事于建筑、酒店、会所餐饮、售楼处以及样板房的专业性工程咨询设计的软装和硬装服务。

HRC

上海SOTTO SOTTO奢侈品店
SOTTO SOTTO CLUB

A 项目定位 Design Proposition
外滩老码头创意园区的地理人文出发。

B 环境风格 Creativity & Aesthetics
沿用老旧的材料，以文化和精神为出发点。

C 空间布局 Space Planning
结合了会所和专卖店以及展示的功能。

D 设计选材 Materials & Cost Effectiveness
老旧的材料。

E 使用效果 Fidelity to Client
各种媒体都有刊登报道，一些国外专业网站也有相关报道。

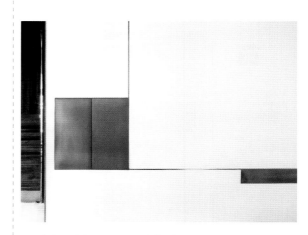

项目名称_上海SOTTO SOTTO奢侈品店
主案设计_刘飞
项目地点_上海
项目面积_1400平方米
投资金额_260万元

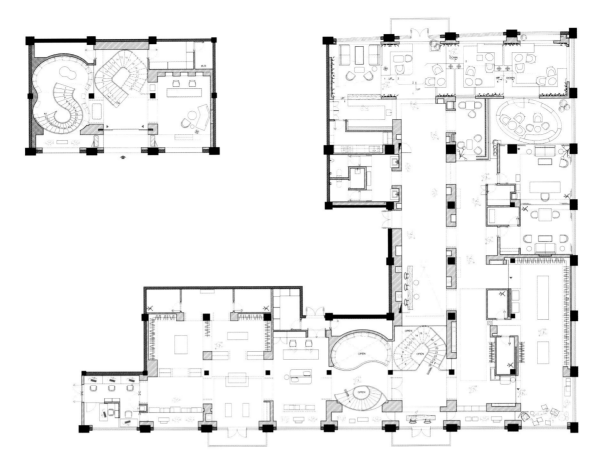

一层平面图

参评机构名/设计师名：
曾麒麟 Zeng QinLin
简介：
曾获2009年中国杰出青年室内建筑师，2011年"INTERIORDESIGN China酒店设计奖"荣获"酒店最佳概念设计奖"，2011年国际环境艺术创新设计-华鼎奖酒店类设计奖，2011年中国国际设计艺术博览会年度资深设计师，

美国"2011中国室内设计年度封面人物"，"2011年金堂奖餐饮类年度优秀作品奖"，2011年金堂奖酒店类"中国酒店类年度十佳设计奖"，2012年金堂奖餐饮类年度优秀作品奖，2012年第九届中国国际室内设计双年展酒店类公共空间银奖。

受到广大用户好评。设计贴近实际、贴近生活、贴近群众，关注民生领域、新兴领域，体现设计的人文关怀与社会责任。具有创新精神、可持续设计意识和绿色、低碳、节能理念，自觉将生态文明建设融入设计。注重挖掘传统文化精髓、注重融入时代元素，设计作品具有较高的艺术品位和文化内涵。遵纪守法、有良好职业道德，主持设计的项目未发生因设计原因造成的重大安全、环保与质量事故。

绍兴酒专卖店
Shaoxing Wine Store

A 项目定位 Design Proposition
在当今浮躁的城市生活中，需要一些古朴的元素送来一丝清风。

B 环境风格 Creativity & Aesthetics
以淳朴的中国风元素体现产品的历史价值和文化元素。营造了幽静，小桥流水的氛围。

C 空间布局 Space Planning
动静结合，庄严大气。

D 设计选材 Materials & Cost Effectiveness
以实木和青石板等材料体现中国风元素。自然，典雅，大气。设计中体现了江南水乡气息。

E 使用效果 Fidelity to Client
在当地市场独树一帜，酒文化氛围醇厚，令很多酒文化爱好者进店之后便难以移步。

项目名称_绍兴酒专卖店
主案设计_曾麒麟
项目地点_四川成都市
项目面积_110平方米
投资金额_100万元

参评机构名/设计师名：
毛维新 Mao Weixin
简介：
毕业于中国美术学院，2000-2006就任杭州诺贝尔集团设计总监，2007杭州思杰空间设计有限公司创始人兼设计总监，高级室内设计师，中国建筑装饰协会设计委员会委员，CIDA中国室内装饰协会会员，浙江装饰协会设计委员会会员，2010年荣获金堂奖优秀作品奖，中国建筑与室内设计师网推荐设计师China-Designer特邀实战导师。

V ISINA服装旗舰店
VISINA Flagship Store

A 项目定位 Design Proposition
营造一个现代，时尚，高品位的皮草专卖店。

B 环境风格 Creativity & Aesthetics
整个店铺呈现出一种优雅，高贵的气质。

C 空间布局 Space Planning
岛挂衣架被设计成一个女性的高跟鞋的造型，结构简洁但是大气。靠墙的挂杆更随了墙体的弧度，流畅的弧线能很好的体现女性温婉的一面。

D 设计选材 Materials & Cost Effectiveness
所以在材料上选用了镜面不锈钢，金属马赛克，玻璃砖等材料，真个店铺的色彩选用高级灰，在灯光的处理上也采用了局部照明而不是大面积的片光照明。橱窗的玻璃砖背景墙则是店铺装饰的重点，多种色彩的配合，加上黑色的边框能让人眼前为之一亮。

E 使用效果 Fidelity to Client
业主满意。

项目名称_V ISINA服装旗舰店
主案设计_毛维新
项目地点_浙江嘉兴市
项目面积_70平方米
投资金额_30万元

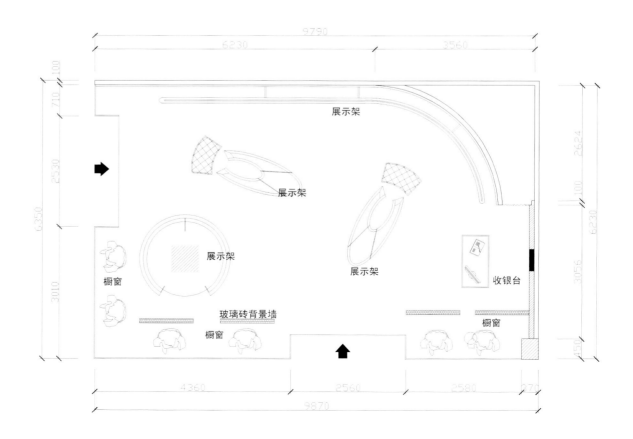

平面图

5+
INTERIOR DESIGN CO.,LT

参评机构名/设计师名：
5+2设计（柏舍励创专属机构）/
5+2 DESIGN
简介：
所获奖项：第五届（2012）羊城精英设计新势
力 年度精英设计团队、第十五届中国室内设
计大奖赛 2012年度最佳设计企业、2012广州
国际设计周推荐设计机构。

成功案例：广东阳江阳光马德里D型别墅、佛
山佛罗伦斯柏悦湾项目9栋301单元样板房、阳
光马德里会所。

广州纺织博览中心商铺
GZ TEXTILE EXPO CENTER SHOP

A 项目定位 Design Proposition
本案为纺织博览中心的店铺设计，在如今竞争激烈的世界里，作为一间旗舰店，通过改变以往同行业选择
布料的方式，以清晰、明确和独特的空间特征，作为提高品牌竞争力的重要工具。

B 环境风格 Creativity & Aesthetics
采用企业特有的红色和白色，对商铺的视觉形象再次深化，针对不同的布料、款式，使用较高功率的LED
灯，从而产生清晰的色彩，很好地强调了展示物品的立体质量，布匹展示板的设计令布匹悬挂其中，又为
空间增添了些许跳跃的气氛，创造引人注目的商店场景。

C 空间布局 Space Planning
整个空间约有6米高，为了提高商铺的商业氛围，设计师特别将天花一直延续到立面，用布匹与玻璃划割
出空间。天花的变化突出了不同质感的材料之间进行的有序组合，给人带来完全不同的视觉感受。

D 设计选材 Materials & Cost Effectiveness
在材料的做法上，一改传统的布匹展示方式，将展示台设计为一个个独立的可旋转的展示桶，装置感很强
的展桶，令产品可以随意组合，形成颜色统一和谐的展示空间，圆形的展桶围合状态，让顾客更加直观清
晰观察布匹。

E 使用效果 Fidelity to Client
在邻近物业当中此类风格较少出现，给消费者带来新鲜的视觉冲击，不仅是吸引选购布匹的顾客，也吸引
其他的消费者进入店铺参观，带来更好的销售效果。

项目名称_广州纺织博览中心商铺
主案设计_易永强
项目地点_广东广州市
项目面积_310平方米
投资金额_75万元

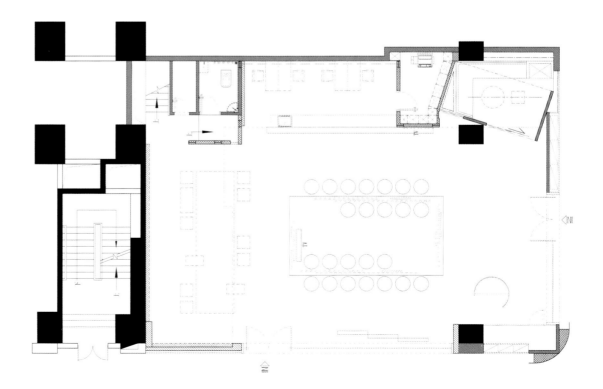

一层平面图

参评机构名/设计师名：
J&A姜峰设计公司/
Jiang & Associates Interior Design CO.,LTD
简介：
深圳市姜峰室内设计有限公司，简称J&A姜峰设计公司，是由荣获国务院特殊津贴专家、教授级高级建筑师姜峰及其合伙人于1999年共同创立。目前J&A下属有J&A室内设计（深圳）公司、J&A室内设计（上海）公司、J&A室内设计（北京）公司、J&A室内设计（大连）公司、J&A酒店设计顾问公司、J&A商业设计顾问公司、BPS机电顾问公司。现有来自不同文化和学术背景的设计人员三百五十余名，是中国规模最大、综合实力最强的室内设计公司之一。J&A是早期拥有国家甲级设计资质的专业设计公司，其率先获得ISO9000质量体系认证，是深圳市重点文化企业。因其在设计行业的突出成就，连续六年七次荣获 "年度最具影响力设计团队奖" 的殊荣，并在国内外屡获大奖，得到了中国建筑装饰领域高度的认同和赞扬。J&A一直致力于为中国城市化发展提供从建筑环境设计到室内空间设计的全程化、一体化和专业化的解决方案。追求作品在功能、技术和艺术上的完美结合，注重作品带给客户的价值感和增值效应，通过与客户的良好合作，最终实现公司价值。

深圳宝能all city购物中心
All City ShenZhen

A 项目定位 Design Proposition
宝能all city购物中心坐落在毗邻香港的"香榭丽"大道深圳湾中心路。 以不同业态的南北两区组成极富特色的双核商业集群，共5层，同时拥有6个主入口与9个内中庭。

B 环境风格 Creativity & Aesthetics
通过设计来提升项目的商业品牌价值，将其打造成深圳的商业地标、未来深圳湾购物与休闲的理想之地，所以结合all city的地域特色，将"海洋"作为灵感的来源，体现一种"创意生活"与"灵动空间"。

C 空间布局 Space Planning
简洁流畅的线条，能更好的展示商铺；材质的搭配与色调，让空间不失品质感的同时更具亲和力。自上往下的叠级关系使中庭具备了观赏性，并能感受到不同楼层的商业氛围，形成良好的互动。特定空间的设计充分体现了空间的人性化与品质感，营造温馨、时尚、品质且充满趣味性的氛围，呼应主题的流线设计形态，让消费者的心理和身体上得到缓解和释放。

D 设计选材 Materials & Cost Effectiveness
J&A融合了都市的时尚元素和海洋文化，流畅动感的线条寓意着人潮如海水般涌入，掀起了一场购物风潮；暖色调木纹的融入，加强了空间氛围的营造。清新淡雅的色调在视觉上拉伸空间的尺度。在消费者在进入商场时，体验开阔的空间感，并结合水滴的概念使空间更显丰富，活跃商场氛围，呼应主题。

E 使用效果 Fidelity to Client
集购物、娱乐、餐饮为主体，集快速时尚店、精品超市、环球美食、儿童乐园、健身休闲、数码影城等丰富业态为一体，是购物与休闲的理想之地。

项目名称_深圳宝能all city购物中心
主案设计_刘炜
项目地点_广东深圳市
项目面积_100000平方米
投资金额_140000万元

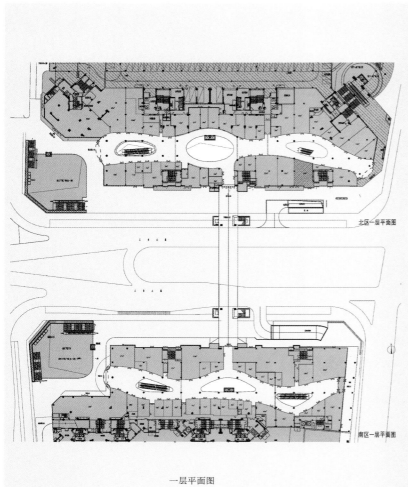

北区一层平面图

南区一层平面图

一层平面图

参评机构名/设计师名：
任萃 Tracy Jen
简介：
自小居住美国、台湾，从高中开始习画参展，于大学攻读室内设计之后，毕业于澳洲新南斯威尔斯营建管理硕士。
2008年以圣经马拉基书3三章10节"十一奉献"为概念，创立十分之一设计事业有限公司、创造高质感空间同时奉献公益。期许以无地域限制之世界性精品空间设计平台，为客户量身订作特有设计空间。擅长商业空间操作的她，长期在艺术与国际观的熏陶之下，其作品活跃于上海及台北，并同时获得许多国际奖项。

自2010年开始授课于中原大学及中国科技大学室内设计系，借由丰富的实战经验，带领学生提前与业界接轨。

创世方舟
Neo West

A 项目定位 Design Proposition

NeoWest座落于节奏明快的西门町，大楼以帆船造型傲然独立，设计师以内外呼应为要，撷取了意念打造方舟停泊。前往方舟之道上以木栈道铺设，似一亲切邀请，而又隐约窥见楼中电气飘游。

B 环境风格 Creativity & Aesthetics

四方柱体覆材明镜，铄铄反射熙来攘往的摩登现代，人漫溯其中若悠游水中与光嬉闹，流溢光彩的LED灯条投影明镜绚烂似电掣，似虹碎裂于这金黄的浪，寓以美好给予景仰。

C 空间布局 Space Planning

一入内即被天花流离炫目的LED灯条攫住目光，蜿蜒水纹环绕，似梦似幻，又如雷霆，似彩虹碎影倒映在水面波光粼粼，屏住呼吸上望，发觉竟已在方舟船底浅水处。

D 设计选材 Materials & Cost Effectiveness

而手扶梯开口以木造方舟船底引领，黑白分明的流明照明结构彷若船舱舱体，扶升手扶梯前往，踏上地面，霎时发现铜条纷乱潜伏在洗石子地面，虹的折影此刻在这深水与浅之间时而呼应时而远离，水中折射了虹的多彩，浮金暗影映在洗石子地面，洗石子地面深浅划分，是这水上方舟卓然的恍惚牵影。

E 使用效果 Fidelity to Client

手扶梯交错流动，升降间人们流动不息跫音袅袅，驻足于一幅幅现代风景。墙面以优雅利落之线板漆上平光黑漆，人们富于节奏地走过，延续以流明照明的洗手间以纯白人造石打造洗手槽，使洗手间明亮简洁干净似一匹素麻。

项目名称_创世方舟
主案设计_任萃
项目地点_台湾台北市
项目面积_925平方米
投资金额_3000万元

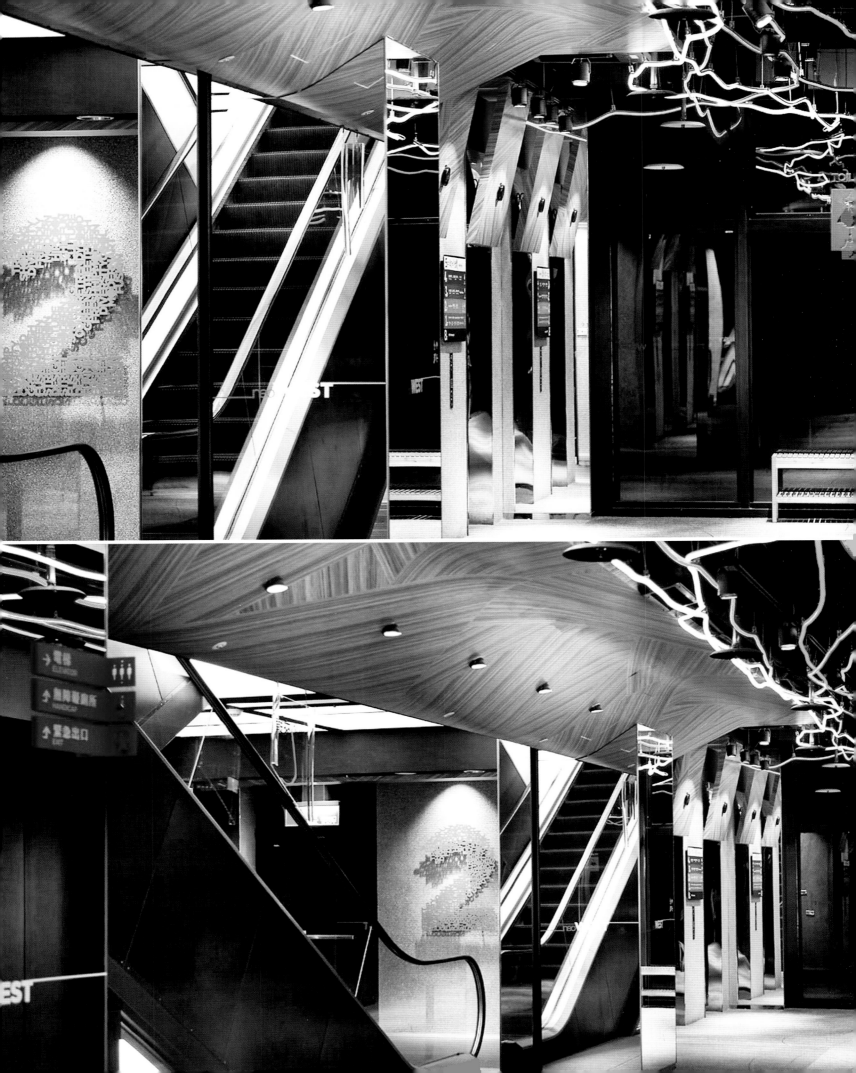

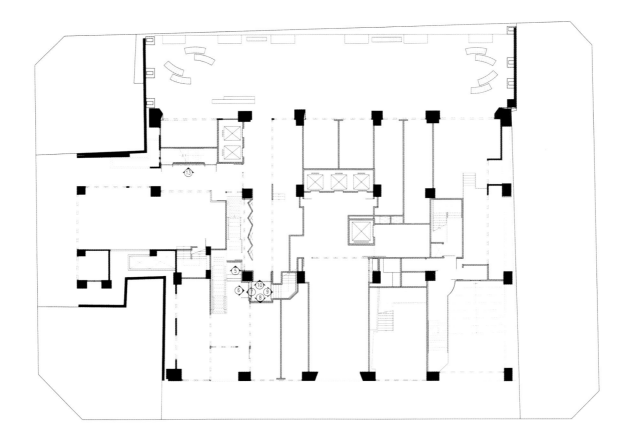

一层平面图

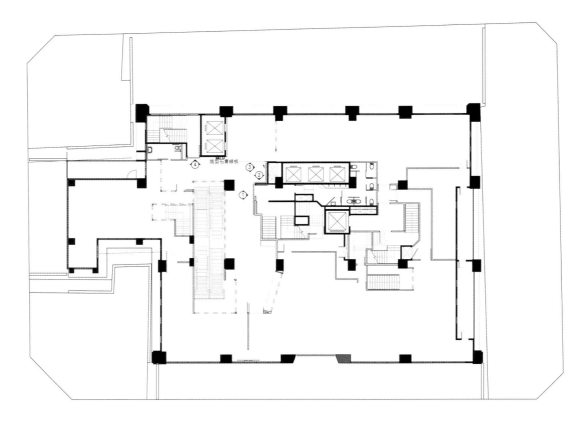

二层平面图

参评机构名/设计师名：
成都众派思装饰工程有限公司/JUBIL ANCE
简介：
成都众派思商业设计有限公司，是为餐饮酒店及高端会所商业项目提供专业室内设计、形象包装以及项目投资分析的设计公司。我们本着"设计创造价值"的服务理念，为客户提供高性价比、专业务实的设计服务。团队的主创

人员皆有多年服务于国内知名开发商及餐饮酒店的设计施工经验，并与客户们建立了长期稳定，相互信任的合作伙伴关系。近年来的项目作品皆得到了业主和终端消费者的认同与赞赏，有了良好的口碑和市场。

JUBILANCE
众派思装饰工程有限公司

成都中宝宝马4S店
Chengdu BMW 4S Store

A 项目定位 Design Proposition
此作品的设计理念，最大程度体现了宝马4S的品牌价值。

B 环境风格 Creativity & Aesthetics
作品体现的是一种时尚现代风格，都是经过深思熟虑后创新得出的设计，凝结着设计师的独具匠心。

C 空间布局 Space Planning
作品空间彰显大气豪放，墙面、顶面以白色为主，点缀蓝色背景效果。

D 设计选材 Materials & Cost Effectiveness
来自于现代科技的新型材料，变化随意，软膜、钢丝、玻璃、镜面、简洁、点线面的运用。

E 使用效果 Fidelity to Client
作品在投入使用中，整体空间效果得到了各界人士的认可与肯定。

项目名称_成都中宝宝马4S店
主案设计_李圻
项目地点_四川成都市
项目面积_15000平方米
投资金额_8000万元

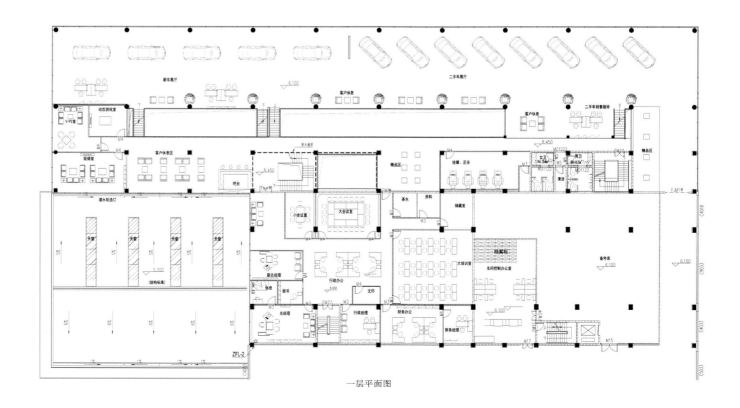

一层平面图

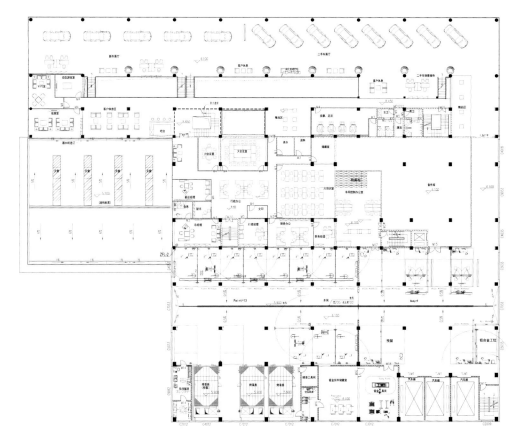

二层平面图

参评机构名/设计师名：
王善祥 Wang Shanxiang
简介：
自幼学习中国画。在进行艺术创作的同时开始从事建筑及室内设计。2003年创立上海善祥建筑设计有限公司,以磨剑的心态致力于精品建筑与室内环境的设计,同时从事当代艺术创作。公司的每一个建筑及室内作品都在解决客户实际功能需求和经济技术需求的基础上,以艺术创作的心态进行设计,力求完美。认为各种艺术门类之间没有明确界限,主张"泛艺术"观念。用做艺术的激情做设计,追求艺术的意境。用做设计的理性做艺术,以更好的驾驭激情。

多少家具上海M50本店设计
More&less Furniture Shanghai M50 Store

A 项目定位 Design Proposition

让店铺做到容易被发现并有着较强的视觉识别特征，是业主的第一要求；空间不能抢夺展品的风头，还要容易更换布局和家具组合，是业主的第二要求；造价要尽量低，是业主的第三要求。

B 环境风格 Creativity & Aesthetics

多少家具是由著名家具设计师侯正光先生创办，主要设计、生产和销售具有当代中国文人色彩的原创家具及家居用品，实木居多，这是旗舰本店。店址在上海最著名的创意产业园莫干山路的M50园区院内，坐落于一层，在一个较深的小弄堂里，并不好找。主要面积在一层，内部有一个小夹层，作为储藏及产品包装间。

C 空间布局 Space Planning

店铺原为厂房，又曾住过设计公司、画廊等，内部保留了当初厂房的混凝土框架。

D 设计选材 Materials & Cost Effectiveness

多少家具有一句广告语：小隐于宅。于是，在长方形店铺平面里嵌入两个小房子形的"家"，构成了空间的主要趣味。第一个"家"布置在入口，一部分由门头伸出500mm，在弄堂口一眼便望见，十分醒目。第二个"家"布置在店铺的最内部。一前一后，一大一小。尺度不只是抢眼，经过推敲，控制在与人身高最贴切的分寸，有一定的亲和感。小房子粉刷成白色，以烘托家具。同时白色在灰色调为主的园区内也比较出挑。展厅内部空间高度4米，柱子和顶均保留了当年厂房的混凝土毛坯状态，后来使用者刷过的涂料被半铲半留，造成一种不新不旧的灰色调效果。大部分墙面贴了干草色的草编墙纸，柔化了混凝土的冷硬。又加入了两组似透非透的竹帘，使空间隔断产生了另一个虚的层次。

E 使用效果 Fidelity to Client

最终，展厅呈现出以下特点：不低调，不张扬；不粗放，不细腻；不豪华，不简陋；不高大，不低矮。剩下的风头就该是属于家具的了，想出多少出多少。

项目名称_多少家具上海M50本店设计
主案设计_王善祥
参与设计师_龚双艳
项目地点_上海
项目面积_208平方米
投资金额_15万元

储藏间

夹层平面图

相邻店铺

展厅

相邻店铺

展厅

展厅

门厅

相邻店铺

街　巷

入口

一层平面图

参评机构名/设计师名：
苏州金螳螂建筑装饰股份有限公司/Gold Mantis Construction Decoration Co., Ltd
简介：
苏州金螳螂建筑装饰股份有限公司成立于1993年1月，是一家以室内装饰为主体，融幕墙、家具、景观、艺术品、机电设备安装、智能、广告等为一体的专业化装饰集团。

公司装修的2008年奥运会主会场（鸟巢）、国家大剧院、国家博物馆、北京人民大会堂常委厅、江苏厅、无锡灵山胜境梵宫、首都博物馆、苏州博物馆、上海虹桥枢纽、中石油大厦、凤凰国际传媒中心、银河SOHO等重点工程，以及洲际、万豪、希尔顿、喜来登、威斯汀、凯悦、香格里拉、凯宾斯基等国际知名酒店管理集团的项目都获得了业主的认可和好评。

截止到2012年金螳螂已获得中国建筑工程鲁班奖46项、全国建筑工程装饰奖141项，成为行业获得"国优"最多的装饰企业。

西安大唐西市丝路风情街
Tang West Market Silk Road Style Street

A 项目定位 Design Proposition
今天，如何让古丝路文明的光彩重现辉煌，如何将丝路的商业文明及历史文脉与现代生活有机结合，并与时俱进，在大唐西市丝路风情街的现代演绎中，且看丝路风情经济与文化繁荣的前世今生。

B 环境风格 Creativity & Aesthetics
丝绸之路风情街是一条极富特色的文化步行街，集聚着中国、日本、韩国、印度、泰国、伊朗等丝绸之路沿线国家的特色商品、特色餐饮、特色演艺、特色建筑。在这里，隋唐文化广场、"筑造大兴"巨型浮雕、日本法隆寺五重塔、韩国地藏王菩萨、阳关城楼、印度红堡等文化景点相连成景；草原丝路、沙漠丝路、海上丝路上的峥嵘岁月和沧桑巨变生动再现。

C 空间布局 Space Planning
我们将创新的观点和理念融汇到点、线、面的建筑布局和元素中，只为重现一种盛世盛况、再现一颗文化瑰宝、展现一种文明复兴，从而形成文化与商业渗透，实现现世辉映的最终目的。

D 设计选材 Materials & Cost Effectiveness
水洗黄砂岩做旧，仿木纹薄铜板仿木做，地面水洗横切木纹。

E 使用效果 Fidelity to Client
建设之初就受到各界的高度重视和大力支持，韩国、日本、印度、土耳其和伊朗的各界政要先后来访大唐西市进行实地考察。各国友人在听取了丝绸之路风情街的整体规划和建设进度后一致表示，大唐西市打造的这一项目以丝绸之路为纽带，用极具地域特色的华美建筑串联起整个街区，在呈现丝路沿线国家风土人情和特色商品的同时，全面展示每个国家的民俗文化和魅力所在，是大唐西市浓墨重彩的一笔。

项目名称_西安大唐西市丝路风情街
主案设计_马晓星
参与设计师_陆军、王树峰
项目地点_陕西西安市
项目面积_18000平方米
投资金额_12000万元

参评机构名/设计师名：
胡俊峰 Hu Junfeng
简介：
2012-2013年度中国十佳零售及专卖店空间设计师；成都建筑装饰协会设计分会常务理事；成都精锐设计师联盟执行委员会委员；四川十大优秀设计师；成都十大青年设计师；所获奖项：2012-2013年度中国十佳零售及专卖店空间设计师；2012-2013年底国际商业规划及空间设计大赛一等奖；2013年中国成都创意设计展创意先锋；金堂奖2012中国室内设计年度评选 "年度优秀购物空间设计"——《意大利TAKENI树脂&卡莱雅（CLAYARD）手工瓷砖富森美家居南门店》；2012年四川创意设计行业总评榜"新锐创意设计机构"；2012年成都第十三届建筑装饰空间艺术设计作品大赛"年度最具设计实力团队"；2012年成都第十三届建筑装饰空间艺术设计作品大赛住宅空间方案类高端组金奖——《三舍雅居》；2012年成都第十三届建筑装饰空间艺术设计作品大赛公共空间工程类中青组银奖——《意大利TAKENI树脂&卡莱雅（CLAYARD）手工瓷砖富森美家居南门店》……
成功案例：意大利威乃达橱柜旗舰店；英国KEF影音系统旗舰店；美国3M净水系统概念店；日本大金空调旗舰店；大津硅藻泥四川终端形象系统；孔雀瓷砖中国区终端形象系统。

宝丽莲华个人CI定制中心
PURE LOTUS

A 项目定位 Design Proposition
全方位服务体系：从色彩诊断到职业分析，从发型设计到服饰的选型再到配饰的搭配，细到一个指甲的颜色，全新的个人形象打造。 全新的购物体验：会所式的购物环境，既是购物空间，也是交流平台。

B 环境风格 Creativity & Aesthetics
该空间的整体调性充满着工业时代的延续和场所的甦生，原始粗砺与精致奢华的强烈对比，旧白色调的质感空间在舞台般戏剧性的灯光衬托下，将LOFT风格的旧有属性和个人CI定制的私享进行设计语法上的对话。

C 空间布局 Space Planning
交互式流动的空间布局，红砖的拱门和展台对空间进行有序的分割，形成了前台接待、设计师品牌区、活动T台展示区和更衣室等几个区域的合理贯通，从而使视觉动线和行动动线二者相统一。

D 设计选材 Materials & Cost Effectiveness
朴素的建筑基础材料：红砖，钢管，素水泥，木纹砖，烘托工业化的质感空间。

E 使用效果 Fidelity to Client
在宝莉莲华，不仅为高端的客户群体提供个人形象塑造，定期还举行新品发布会、小型服装秀、沙龙品鉴会等具有时尚品位的主题活动。开业以来，不断地获得众多客户、媒体的广泛好评，在成都也掀起了一股时尚的热潮。

项目名称_宝丽莲华个人CI定制中心
主案设计_胡俊峰
参与设计师_张学翠、张茨、张仁心、张伟
项目地点_四川成都市
项目面积_500平方米
投资金额_100万元

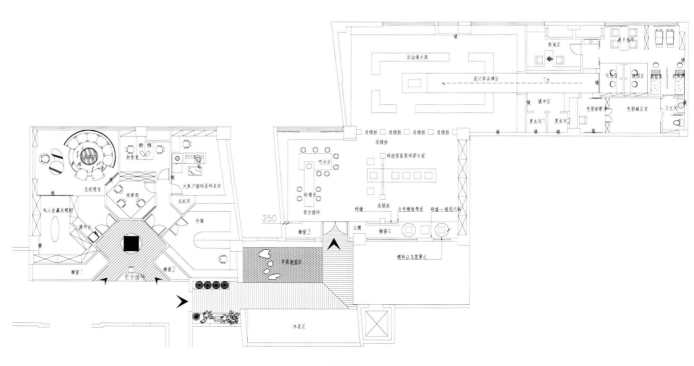

一层平面图

参评机构名／设计师名：
陶磊（北京）建筑设计有限公司/
Taolei（Beijing）architecture design Co.,Ltd
简介：
陶磊（北京）建筑设计公司简介创建于2007年。自成立以来，坚持以实践的方式探索建筑及都市最本质的问题，旨在中国传统的空间意识、文化意识及当下价值观的前提下去改变一些规则，营造属于东方式的人居环境。并试图让建筑在当代的语境下，以有机、轻松且快乐的方式体现真实、自由的空间氛围。工作室一直致力于对建筑的品质的完美追求，重视建筑的工程细节和最终真实建筑的完成度。工作范围涵盖建筑设计，景观设计，室内设计。
荣誉与出版
凹舍 荣获2010WA中国建筑奖入围奖
凹舍 荣获2010中国建筑传媒最佳建筑奖提名奖
凹舍 荣获中国建筑十年大奖专家评审前十名、网络评审前十名
悦-美术馆 荣获2010 亚太室内大奖金奖
全程热恋钻石商场荣获2010亚太室内大奖优胜奖。
2010中国建筑传媒最佳建筑奖提名奖、2011年博物馆奖入围奖、2010 亚太室内大奖金奖、WA2012中国建筑奖佳作奖、2013年中国博物馆奖入围奖。
成功案例：凹舍、悦美术馆、全城热恋北京双井店。

TAOA

全城热恋钻石商场–悠唐店
InLove Diamond Store（Youtang Branch）

A 项目定位 Design Proposition
以时尚前卫的设计，引领年轻人对钻石文化及未来婚姻的憧憬与向往。

B 环境风格 Creativity & Aesthetics
有机的空间形态，如雕塑，如山丘，给城市生活带来新的活力。

C 空间布局 Space Planning
开放的空间布局，并借用楼梯与墙体的有机造型，使得一、二层的空间形成联动，转折，悠远的空间气质，消除人们对二层空间的距离感。

D 设计选材 Materials & Cost Effectiveness
大胆运用了不锈钢材质的韧性及变幻的金属光泽所带来的愉悦感，外表皮的铝板冲孔所透出的光斑给室内带来了几分神秘的意境。

E 使用效果 Fidelity to Client
该场所的时尚定位，使之成为年轻人追求美好未来的好去处，从而带动钻石的销售。

项目名称_全城热恋钻石商场-悠唐店
主案设计_陶磊
参与设计师_康伯州、赵明亮
项目地点_北京
项目面积_1000平方米
投资金额_350万元

参评机构名/设计师名:
高见 GAOJIAN

简介:
毕业于内蒙古轻工学院工艺美术系,后中央美院进修,专注室内设计十多年,在天津、北京拥有众多经典工程,在国内众多室内设计评比中屡获殊荣。

巨匠展厅设计
JuJiang Showroom Design

A 项目定位 Design Proposition
本案是以定制为主的高端家具卖场,设计师试图以"文化博物馆"的概念为定位,以厚重的历史氛围为中心,去奢靡之风,还天然的生命气息。

B 环境风格 Creativity & Aesthetics
通过设计的手法与形式,将柔和硬的气质紧密的结合在一起,营造出典雅兼具质朴的空间环境。

C 空间布局 Space Planning
设计师通过大胆理性的空间构架,利用形式上的创意无限,尊贵而自然的强烈对比为空间卖场提升别样效果。

D 设计选材 Materials & Cost Effectiveness
本案运用大量的铁皮、毛石、麦秆以及玻璃,营造意大利高端家具品牌的生命气息。巧妙的设计使低调的材质与高调的思想碰撞,历史与现代相融。

E 使用效果 Fidelity to Client
作品在投入运营后,不仅为卖场带来了很好的销售效果,同时为卖场创造了一次气质上的升华。

项目名称_巨匠展厅设计
主案设计_高见
参与设计师_杨光
项目地点_天津
项目面积_450平方米
投资金额_500万元

参评机构名/设计师名：
巫小伟 Willis

简介：
中国杰出青年设计师称号、CCTV交换空间设计师、搜狐名人堂明星设计师微博称号、搜狐年度人气设计师微博称号、连续4年被媒体搜狐网评为全国10大公益明星设计师。
2011年搜狐名人堂明星设计师微博奖，2011年上海搜狐"吉盛伟邦"杯年度人气设计师微博奖、2011年施耐德电气杯室内设计大赛二等奖、2011年"筑巢奖"设计大赛住宅方案类铜奖、2011年荣获中国杰出青年设计师称号。所做项目包括酒店、高档会所、餐饮娱乐空间，也有不少名门望族的私人豪宅，项目范围更是遍布苏州、上海、北京、广州、深圳、杭州等全国二十多个城市。大量优秀的的作品曾在香港日翰、北京《TOP装潢世界》、《上海搜房周刊》等媒体书刊杂志上选登。

齐柏林展厅
ZYMBIOZ Hall

A 项目定位 Design Proposition
本案为比利时品牌家具ZYMBIOZ的中国总代理展厅设计，展厅面积1000平方米。家具为现代简约风格。

B 环境风格 Creativity & Aesthetics
结合家具特点，展厅以浅色系为主，原木色的地板、简单大方的淡色墙面，再配以柔和的灯光效果，和现代家具结合起来更加具有时代气息。设计师把部分顶墙面处理成黑色，与淡色墙面交相呼应，增强了空间立体感和视觉审美感。

C 空间布局 Space Planning
在区域上，设计师为了防止视觉疲劳，围绕展厅中间的独立空间，将展厅左边设计为一个个独立的小展区，右边则设计了抬高，以三个盒子的形式向走道敞开，使空间更加丰富更加具有层次感。

D 设计选材 Materials & Cost Effectiveness
结合家具特点，展厅以浅色系为主，原木色的地板、简单大方的淡色墙面，再配以柔和的灯光效果，和现代家具结合起来更加具有时代气息。

E 使用效果 Fidelity to Client
充分体现了家具的现代美感与时尚型。

项目名称_齐柏林展厅
主案设计_巫小伟
项目地点_江苏苏州市
项目面积_1000平方米
投资金额_120万元

ZYMBIOZ
齐柏林

I'm in here

European Timeless Modern
The elegant way of living

参评机构名/设计师名：
佐藤航 Wataru Sato
简介：
1979年生于日本神奈川县，毕业于东京工业
大学建筑学科，获得硕士学位，任职于日本国
誉，2013年在中国获得了金外滩奖。

国誉家具商贸上海旗舰店
KOKUYO Furniture Shanghai Flagship Showroom

A 项目定位 Design Proposition

通过对于如此层层叠加空间的体验，多角度地阐释了国誉的思想理念与行为文化，进一步地扩大
KOKUYO国誉在中国市场的品牌知名度。

B 环境风格 Creativity & Aesthetics

获得了美国环境认证LEED金奖。照明灯具采用LED照明设备，部分采用了感应式照明设备，节约了20%
的用电。节水、节能方面也达到了LEED的金奖标准，实现了大幅度节能。结合本地特色，采用了上海特
色材料青砖作为整个空间的一部分，体现与当地环境和谐共处的设计意识。

C 空间布局 Space Planning

在"层"的概念下，沙龙、画廊、设计中心、产品塔各自作为一"层"拥有其各自的功能，同时这些
"层"，作为地板，展示台，楼梯，天花板构成了整个展厅空间。相较于一般的空间，有着高低差的空间
可以从360度的视野看到产品以及展厅中的活动。因此，那些容易被忽略的细节也可以被全方位感受。

D 设计选材 Materials & Cost Effectiveness

使用了混泥土、青砖、丝绸和炙烤过的杉木等自然材料。并且，在高端技术和现代设计上也有所结合。例
如，在1层和2层之间的产品塔就是其中一个例子。高达10米的白色超细铁柱贯穿上下，其中随机镶嵌了
上百个玻璃层板，使得照明的光线好像从树叶间落下的光斑一般。漫步在产品塔上，就好像感觉来到洒满
阳光的丛林里。玻璃层板上的光芒，并非通过外界光源照射而成，而是其层板中的自身光源产生。

E 使用效果 Fidelity to Client

多层的体验型设计得到了很高的评价，慕名前来的访问者也持续增加。超越了往年人数的5～6倍，销
售额也有了一定增长。并且得到了国内外杂志的采访，获得了大量的业界关注。除了室内设计相关的
功能以外，也曾作为时尚杂志的摄影地，使KOKUYO国誉家具上海旗舰展厅成为了热门的话题。

项目名称_国誉家具商贸上海旗舰店
主案设计_佐藤航
项目地点_上海
项目面积_1130平方米
投资金额_750万元

参评机构名/设计师名：
乌鲁木齐大木宝德设计有限公司/WULUMUQI
DAMU BAODE DESIGN CO.,LTD
简介：
乌鲁木齐大木宝德空间数码制作有限公司成立
于1997年1月，公司主要从事室内建筑空间设
计。目前，我公司业务全面持续发展，公司的
运作井然有序且充满活力，企业综合实力不断

增强。凭着良好的业绩与信誉我公司愿与社会
各界竭诚合作，坚持对理想不渝的追求，共同
开拓潜力无穷的设计市场。

金石石业展厅
JinShiShi Show Room

A 项目定位 Design Proposition

采用了设计展厅的概念，将销售、洽谈、办公等功能合为一体的综合交流展厅，同时也是设计师交流培训的集合点，在灯光气氛上增加层次丰富的灯光设计，造型上增加细节收口的处理，概念上采用大的体块、凹凸变化、阵列排布的设计思路，让空间充满变化的趣味，同时色调统一、设计元素相互呼应，无论空间气氛上还是功能流线上都达到极致，将石材展厅推向高端服务空间。

B 环境风格 Creativity & Aesthetics

展厅力求通过环境的功能布局、色调营造，将石材的质量和本体特色充分体现出来，使甲方的石材能够得到全面的展现，而且给设计师提供一个认真思考选择石材的气氛和环境。在色调上基本没有以石材的颜色为核心，而是围绕石材的质感和色调来安排产品区以及公共区环境的气氛和色调，色调协调统一、简练。

C 空间布局 Space Planning

将空间合理安排，在中间放置一个小的进厅，左右分流，左侧是办公空间，右侧是石材展示空间，这样为甲方的商务运营提供了很好的展示功能，同时又兼顾办公功能，使得办公与销售紧密的联系在一起。

D 设计选材 Materials & Cost Effectiveness

吊顶我们采用了简洁的张拉膜，灯源放在张拉膜的背侧，这样在使用的过程中只见光线却不见光源，从而增加趣味感。服务台设计的富有体量感，此设计元素跟建筑造型的体量变换不谋而合。主背景墙采用了大量的石材小样，用混彩的方式阵列形成琳琅满目的背景，同时又赋予选择性空间的效果。

E 使用效果 Fidelity to Client

在新疆较大且较为竞争激烈的石材市场环境下，将一个较小的石材经销商推到了新疆石材市场的明星地位。为甲方创造了企业形象奇迹，体现了设计创造价值的核心理念。

项目名称_金石石业展厅
主案设计_康拥军
参与设计师_闫丽、孙举杨
项目地点_新疆乌鲁木齐市
项目面积_285平方米
投资金额_120万元

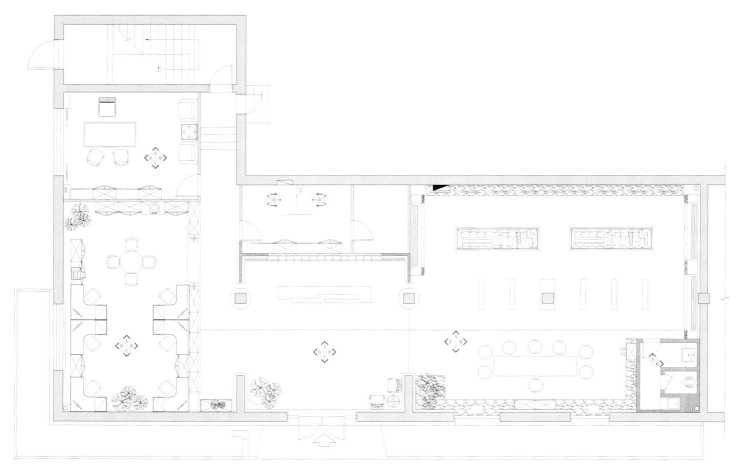

一层平面图

参评机构名/设计师名：
屈慧颖 Qu Huiying
简介：
重庆旋木室内设计有限公司设计总监，注册高
级室内建筑师，CIID中国建筑学会室内设计分
会第十九专委会理事，CIID中国建筑学会室内
设计分会会员，IAI亚太建筑师与室内设计师联
盟理事会员，中国室内装饰协会会员，四川美
术学院特聘讲师。

Special Destiny奢品店
Special Destiny Luxury Shop

A 项目定位 Design Proposition

在本案的设计中，奢侈的消费，付出超额的金钱是为了寻求不一样的感受，赋予空间独特的气质，让客人
感受服务之外的身心的享受和愉悦应该是我们需要思考的。

B 环境风格 Creativity & Aesthetics

28~40岁的女性是本案的目标客群，他们或家境殷实或高知高阶而富有品味，我们的空间定位必须符合女
性干净、时尚、细腻、优雅、精致的特质。

C 空间布局 Space Planning

又一次超小空间的商业设计！在如此小的方盒子空间里整合业主方提出的陈列、静态展示、动态展示
（Show）、储存、休息、洽谈、更衣 、收银、酒水等功能并达到很好的视觉效果却也不易。最终我们利
用对角线的手法延长了展示和陈列面，室内大台阶既做为动态展示的舞台，又可以做静态展示的陈列。在
最上面一级台阶处，从天棚一直垂吊到地面的大型水晶灯，映衬出更衣室外做成巨大油画框的半透明隔断
里缓缓走出的女伴身影，那么消费的欲望会不会滋生呢？

D 设计选材 Materials & Cost Effectiveness

要求光滑，运用了大面积的白色丝绸帘、金色镜面、金色镀膜玻璃、金箔、钛金、白色大理石、白色人造
石及大型水晶吊灯。

项目名称_Special Destiny奢品店
主案设计_屈慧颖
参与设计师_冉旭
项目地点_重庆
项目面积_90平方米
投资金额_35万元

E 使用效果 Fidelity to Client

我们要带给客人的不是极度奢靡，不是金碧辉煌，也不是一眼就望得得穿的尊贵。而希望是一种与众不同的
气质和高调的品位。在此消费客人需要得到的是极度的放松，一种精神的满足和身份的认同感。

参评机构名／设计师名：
毛维新 Mao Weixin
简介：
毕业于中国美术学院，2000-2006就任杭州诺贝尔集团设计总监，2007杭州思杰空间设计有限公司创始人兼设计总监，高级室内设计师，中国建筑装饰协会设计委员会委员，CIDA中国室内装饰协会会员，浙江装饰协会设计委员会会员，2010年荣获金堂奖优秀作品奖，中国建筑与室内设计师网推荐设计师China-Designer特邀实战导师。

意希欧服饰办公及展厅
CCEWOT Office and Showroom

A 项目定位 Design Proposition
该品牌女装时尚，简洁而优雅，为了体现它的韵律，展厅内以圆弧的造型和柔美的线条诠释了该品牌的理念，为客户营造一种时尚韵律的购物氛围。

B 环境风格 Creativity & Aesthetics
展厅内不管是立面还是顶面的造型都采用了优美的曲线来表现，四周的立板简洁时尚，和其他造型相互衬托。外立面门头鲜艳的黄色，能让顾客眼前一亮，弧形的入口更能打动和吸引路过的顾客。

C 空间布局 Space Planning
在材料的选择上也是颇有新意，顶部的黑镜能提高展厅的品味，反射又不会过于强烈，影响视觉的感官体现韵律与时尚感。

D 设计选材 Materials & Cost Effectiveness
金箔、银箔纸的使用让橱窗及整体感更加精致与时尚，整体色彩以米白色为主调体现空间的明快与时尚。

E 使用效果 Fidelity to Client
业主满意！

项目名称_意希欧服饰办公及展厅
主案设计_毛维新
项目地点_浙江杭州市
项目面积_2000平方米
投资金额_200万元